큰글씨판
슈퍼
스도쿠
100문제

초급

오정환 지음

보누스

스도쿠의 기본 규칙

　스도쿠의 가장 기본 규칙은 가로 3칸, 세로 3줄인 3×3 박스의 9개 칸에 1부터 9까지의 숫자를 중복되지 않게 채워 넣는 것이다.
　스도쿠의 모양은 3×3, 4×4, 6×6, 9×9 등이 있는데, 보통 가로 9칸, 세로 9줄의 9×9 스도쿠를 많이 한다.

스도쿠 푸는 요령

　스도쿠는 가장 쉽게 찾을 수 있는 빈칸부터 차근차근 숫자를 채우는 것이 좋다. 이미 채워져 있는 숫자가 많을수록 빈칸에 들어갈 숫자를 찾기 쉽다.

■ 하나 찾기 ①
　먼저 〈그림 1〉처럼 가로 9개 칸에서 한 칸만 비어 있으면 숫자를 찾기는 어렵지 않을 것이다.
　또 〈그림 2〉 같은 3×3 박스에서도 1~9까지 숫자 중 빠진 숫자 하나를 채워 넣으면 된다.

그림 1

3	7	5	2	9	1	6		8

그림 2

2	9	8
1	5	4
	7	6

■ 하나 찾기 ②

〈그림 3〉처럼 빈칸이 많으면 어렵게 느낄 수 있지만 앞에서 연습했던 것과 똑같은 하나 찾기로 풀 수 있다. 물음표(?) 표시된 칸에 들어갈 숫자를 찾아 보자.

물음표가 있는 가로줄에 숫자 1, 2, 7이 있으므로 1, 2, 7은 들어갈 수 없다. 작은 박스 안에는 3, 4, 9가 있으므로 3, 4, 9는 들어갈 수 없다. 물음표가 있는 세로줄에는 6, 8이 있으므로 6, 8은 들어갈 수 없다. 따라서 물음표가 표시된 칸에는 1, 2, 3, 4, 6, 7, 8, 9가 들어갈 수 없으므로 5를 넣으면 된다.

그림 3

				4			
1			?			7	2
		9		3			
			8				
			6				

■ 후보숫자 넣기

가로줄과 세로줄, 3×3 박스에서 채워진 숫자가 많은 곳을 찾아 〈그림 4〉처럼 후보숫자를 넣어본다. 후보숫자란 빈칸 안에 들어갈 수 있는 숫자이며, 차근차근 따져서 모두 적는 것이 좋다.

그림 4

7	9	45	1		3		8	2
2	148	6	7					5
145	1458	3			2	7		
15	158	1578	2		6		4	9
1459	1458	124589						
6	3	1459	8		4		5	
1459	2	1459						
3	6	49		7	1	5	2	8
8	7	49		2	5		1	3

■ 가로 및 세로줄과 3×3 박스가 교차하는 영역 살펴보기

〈그림 5〉에서 색칠된 부분을 보자. 9로 시작하는 두 번째 세로줄에서 빈칸에는 후보숫자가 적혀 있다. 그림에 따르면 8은 비어 있는 네 개의 모든 칸에 들어갈 수 있다.

그림 5

7	9	45	1		3		8	2
2	148	6	7					5
145	1458	3			2	7		
15	158	1578	2		6		4	9
1459	1458	124589						
6	3	1459	8		4		5	
1459	2	1459						
3	6	49		7	1	5	2	8
8	7	49		2	5		1	3

하지만 첫 번째 3×3 박스에 들어갈 8은 동그라미로 작게 표시된 칸에만 들어갈 수 있다. 왜냐하면 첫 번째 3×3 박스의 맨 오른쪽 위 칸에는 해당 가로줄에 이미 숫자 8이 있다. 또한 맨 왼쪽 아래 칸에도 해당 세로줄에 이미 숫자 8이 있다. 즉 첫 번째 3×3 박스에 8이 들어갈 곳은 동그라미로 작게 표시된 두 칸 중 하나여야 한다는 뜻이다.

따라서 9로 시작하는 두 번째 세로줄의 나머지 두 칸에는 8이 들어갈 수 없으므로 해당 칸에 작게 적힌 후보숫자 중 8은 제거해야 한다.

■ **2개짜리 짝 찾기 ①**

〈그림 6〉에서 색칠된 다섯 번째 가로줄을 보면, 세 번째 칸과 일곱 번째 칸에만 후보숫자 2와 8이 적혀 있다. 즉 2와 8은 이 두 개의 칸에만 들어갈 수 있다는 뜻이다. 따라서 세 번째 칸과 일곱 번째 칸에서 2와 8을 제외한 나머지 후보숫자는 제거할 수 있다.

그림 6

7	9	5	1		3		8	2
2		6	7					5
		3			2		7	
			2		6		4	9
1459	145	1̶2̶5̶8̶	359	1359	7	1̶2̶3̶6̶8̶	36	1̶6̶
6	3		8		4		5	
	2							
3	6			7	1	5	2	8
8	7			2	5		1	3

■ 2개짜리 짝 찾기 ②

〈그림 7〉에서 색칠된 세 번째 세로줄에 있는 후보숫자를 보자. 세 번째 세로줄에서 8번째 칸과 9번째 칸에는 각각 4 또는 9만 들어갈 수 있고, 다른 숫자는 들어갈 수 없다. 따라서 이 세로줄의 다른 칸에는 4와 9가 들어갈 수 없으므로 나머지 칸의 후보숫자 중 4와 9는 제거해야 한다. 그러면 첫 번째 칸의 후보숫자인 4와 5 중 4가 제거되었으므로 첫 번째 칸에 들어가는 숫자는 5가 된다. 나머지 부분도 이 방법을 이용해 채울 수 있다.

그림 7

7	9	̶45	1		3		8	2
2		6	7					5
		3			2	7		
		1578	2		6		4	9
		12̶4 58̶9						
6	3	1̶45̶9	8		4		5	
	2	1̶45̶9						
3	6	㊃㊈		7	1	5	2	8
8	7	㊃㊈		2	5		1	3

차 례

월 _____ 일 _____

	1	5	7			4	2	3
9					3			
2	5	7			8	3	1	
4			5		6			9
	9	6				8	5	
	2		1		5		4	
3		8		6		1		5

성공한 사람이 아니라 가치 있는 사람이 되려고 힘써라. – 알베르트 아인슈타인

		2	3	5			6	
			4			3	1	5
	5							
3	6	5			4		7	8
				3	7			4
	4				6			
	1	4					9	
	2			6		5	4	7
			8	4				

계획이란 미래에 관한 현재의 결정이다. - 드래커

월 _____ 일 _____

2	1				3	7		
8				7				
		3	6			9	1	
	8				6			3
	6		7		5			1
3			4			6	7	
	9	7			2	3		
				4				6
		2	5				4	7

시간을 지배할 줄 아는 사람이 인생을 지배할 줄 아는 사람이다. – 에센 바흐

5					1	3		6	2
					9	5		4	7
	4	9							
	3	6		5	1				
				8	7				5
2	8								3
9	6								
			1	3			5	6	
8	5		6	7			1	9	

1퍼센트의 가능성, 그것이 나의 길이다. - 나폴레옹

월 _____ 일 _____

2	8		5	6			7	1
7	6						2	4
			7		2			
		3	6	9		4		
5				3				2
		8		2	5	1		
			1		9			
8								9
9	3			7	8		4	5

내 자신에 대한 자신감을 잃으면,
온 세상이 나의 적이 된다. – 랄프 왈도 에머슨

6

			1				
1		5		2		8		6
	2		6	3	4		5	
2								3
8			3	6	1			4
	1		5		2		6	
5			7	4	8			1
	9						8	
		7	1	9	6	3		

일하는 자는 행복한 자요, 한가한 자는 불행한 자다. – 벤자민 프랭클린

	3			2			7	
4		1				6		9
	7		1	5	9		2	
9		3				7		8
	6						3	
2		5				9		6
	1		3		2		9	
8		2		4		1		3
	5						8	

강력한 이유는 강력한 행동을 낳는다. - 윌리엄 셰익스피어

8

		6				4		
			4		7			
8			5		6			1
	3	4		2		5	6	
7			3		4			2
		1	7		5	3		
	6					7		
	5	3				6	8	
1			6		8			4

네 자신의 불행을 생각하지 않게 되는 가장 좋은 방법은
일에 몰두하는 것이다. - 베토벤

9	7		5		3		6	8
8								9
			6		8			
1		8				9		2
	4			5			3	
6		2				8		7
			9		4			
4								3
2	9		7		6		1	5

계단을 밟아야 계단 위에 올라설 수 있다. – 터키 속담

	3		9		8	6		
	9							7
4				7	6		5	
7		4		6				3
		5	3		4	7		
1				9		8		4
	4		6	8				5
5						4		
		1	5		2		6	

과거를 기억 못하는 이들은 과거를 반복하기 마련이다. – 조지 산티아나

		4	2			9	7	
1				6				
		3		7			5	6
	7	2	9			1		
	9						4	
		5			8	3	2	
4	1			2		5		
				9				8
	5	8			1	2		

보이는 것보다 많이 가지고,
아는 것보다 적게 말하라. – 윌리엄 셰익스피어

12

	3		6	1	5		8	
4			2		9			5
		7	3		4	9		
	4	3				8	7	
5				3				6
	1	6				2	5	
		5	8		2	1		
8			7		1			9
	7			9			6	

교육은 아는 것과 모르는 것을 구분할 줄 아는 능력이다. – 아나톨 프랑스

	5			8	7		3	6
1		6						
	9		4			1	5	
6		4		3				
	7			1			6	
				7		4		5
	4	5			8		1	
						7		9
3	2		6	9			8	

네 눈에 보이는 네 모습대로 남들도 너를 볼 것이다. - 키케로

		5		8		2		
	3			9			4	
1			4	5	6			7
		2				1		
9	7	1		3		4	2	6
		4				5		
2			5	4	3			8
	5			7			6	
		8		2		3		

기쁨은 기도이다. 기쁨은 힘이다. 기쁨은 사랑이다.
기쁨은 영혼을 붙잡을 수 있는 사랑의 그물이다. – 마더 테레사

	6	2				8	9	
4					3			7
		1			7	2	6	
	2		7		6			
8	3	5			4			
	7			8		1		5
	9							6
2		8					3	
					9	7		

길을 잃는다는 것은 곧 길을 알게 된다는 것이다. – 동아프리카 속담

16

		1				2	6	
8					6			4
2				7				
	8		9		4			
	3	5				4	1	
			6		3		8	
				9				2
4			2					7
	2	3				1		

멀리 내다보지 않으면 가까운 곳에 반드시 근심이 있다. - 공자

23

17

	7	2				4	8	
5			8		1			2
		1				9		
	1			2			7	
	9		5	4	6		2	
	4						6	
		3				2		
6				4		5		
	5	9				6	4	7

인생에 뜻을 세우는 데 있어 늦은 때라곤 없다. – 볼드윈

24

		7			1	4		
	5	1		9	3			
4		3	7	2				
	7			4				8
			8		6			
	4	6	1	3			5	
				8	7	6	1	
			2	6		5	8	
		8			9			

나는 신과 평화롭게 지낸다.
다만 인간과 갈등이 있을 뿐이다. – 찰리 채플린

	2	6				3	5	
1			4		5			2
7			3		8			9
	8	1				6	4	
				5				
	3	5				2	9	
4			7		6			8
5			8		1			3
	7	8				9	1	

사랑은 마음의 즐거운 특권이다.
사랑은 모든 살아 있는 것의 이유이다. – P. J. 베일리

		2	4		5			1
1				9		7		
5	4			3			8	
	9				7		6	
2		7		5		3		4
	5		6				7	
	1			8			2	3
		4		2				7
6			5		4			

나는 위대하고 고귀한 임무를 완수하기를 열망한다.
하지만 나의 주된 임무이자 기쁨은 작은 임무라도
위대하고 고귀한 임무인 듯 완수해나가는 것이다. – 헬렌 켈러

4			1	5	9	3		
		3					1	
	8			2	7			5
3			7			5		
	7			8			6	
		6			3			4
7			2	1			3	
	3					6		
		5	6	3	8			1

나를 믿어라.
인생에서 최대의 성과와 기쁨을 수확하는 비결은
위험한 삶을 사는 데 있다. – 프리드리히 니체

	1				8	7		6
7	2				9	5		
	6							
				6		3	9	4
6		1	7	9			8	
	5				2	1		
2	4			8	6			7
		8			3		6	2

나약한 태도는 성격도 나약하게 만든다. – 알베르트 아인슈타인

7			4		9			5
5		6		8		3		1
	4						7	
1			8		7			9
3			9		1			4
	2						6	
		7	5		6	8		
	5			3			9	
6			2		8			3

유일한 진정한 행복은 목적을 위해 몰입하는 데서 온다. – 윌리엄 쿠퍼

24

월   일

		7		8		2		
	5						8	
6		8	2		3	4		5
		1	4		2	9		
3								4
9		5		7		6		2
		3				7		
7			9	5	8			1
	1						6	

난관은 낙담이 아닌 분발을 위한 것이다.
인간의 정신은 투쟁을 통해 강해진다. - 윌리엄 엘러리 채닝

31

25

	1	3		4			7	
2		3				5		6
	4						9	
1			2		3			9
		9		8		6		
	2						5	
9	3						6	5
6		4		3		9		2
	5		1		9		3	

남들이 나를 미워할 수도 있지만, 내가 그들을 미워하지 않는 한
그들이 이긴 것이 아님을 항상 기억하십시오.
그들을 미워하면 스스로를 망칩니다. – 리처드 닉슨

	7		1		4		9	
5			2		6			4
				7				
	4			8			6	
9		5		2		3		7
	6			3			2	
				1				
2			3		8			5
	1		5		9		3	

남을 통해 행동하는 자는 자신이 행동하는 것이다. – 라틴 속담

27

					7			
	1	2	3		9			
4		9		8		1	6	
	7		8		4			6
	8			2		5		
	3	7			6	4		
9	8			7		6		
1	2				5			
		7	6	4				2

좋은 성과를 얻으려면 한 걸음 한 걸음이
힘차고 충실하지 않으면 안 된다. – 단테

28

	3		9		8		4	
4			5		7			6
		2				5		
1	2						3	4
				9				
5	8						1	9
		3		1		6		
9			7		6			3
	5		8		2		7	

용기란 일어나서 말할 때뿐 아니라
앉아서 듣고 있을 때도 필요하다. - 윈스턴 처칠

		7		3		2		
	9		6	4			8	
4						1		3
	8				6			
5	1			7			9	2
		9					5	
1		2						5
	5			9	3		1	
		6		5		7		

삶이 있는 한 희망은 있다. – 키케로

6			4	7			8	
	7					1		
		9		8	3		2	
		5						6
7		1		2		8		3
8						5		
	2		9	6		4		
		7					9	
	6			1	5			8

너무 멀리 갈 위험을 감수하는 자만이
얼마나 멀리 갈 수 있는지 알 수 있다. - T. S. 엘리엇

		6				4		
4	7			5			9	2
		3		1				
	3	4				1	6	
5				1				8
		2	7		4	9		
7								3
	9			8			1	
		5	4		7	6		

누군가에게 길들여진다는 것은
눈물을 흘릴 것을 각오하는 것이다. – 생텍쥐페리

32

2						1	4	
9	1	4		8		3		
			4		1			7
	4			1			5	6
8		7		2		9		
			7		6			
			3	5	4			
		1				5		
	8	6				4	7	

능력이 적다고 아무것도 하지 않는 것은 가장 큰 잘못이다.
스스로 할 수 있는 일을 하도록. - 칼 세이건

33

6		8		7		5		1
	9		5		1		6	
	5	9				3	4	
	6			5			9	
		4				8		
			8	3	9			
9	3			6			7	8
		1	2		7	6		

일하는 자는 행복한 자요, 한가한 자는 불행한 자다. – 벤자민 프랭클린

3				9				6
	7			5	1			
1		4		7		2		
	2			6		3		
5				8			2	
		6	2	4			5	
	3			2		7		
	5			3		4		9
		9	7					2

자유를 사랑하는 것은 타인을 사랑하는 것이다.
권력을 사랑하는 것은 자신을 사랑하는 것이다. – 윌리엄 해즐릿

35

7	6			3				1
			4				7	
9	4		7				8	
		6		1		9		4
			5		4		6	
4	7		2				5	
8	5			4		3		
			3		8		9	
		4						6

당신의 시간은 유한합니다.
그러니 당신 자신을 위한 삶을 사십시오. – 스티브 잡스

월 _____ 일 _____

5		7		8		3		2
	8	4	3		1	7	5	
	4						9	
	5	1	6				3	
			2			6		
	1	6	7		3			
							8	
2		9		1		5		3

대부분의 사람은 마음먹은 만큼 행복하다. - 에이브러햄 링컨

	9						2	
8		2			1	3		4
	7			5			6	
2				4			5	
		7	9		8	6		
	4			2				8
	8			6			9	
6		9	8			1		5
	3						8	

도전은 인생을 흥미롭게 만들며,
도전의 극복이 인생을 의미 있게 한다. - 조슈아 J. 마린

38

1			6		2			3
		3		7		2		
	5		4		3		6	
		2		8		1		
			1		6			8
8				5			3	9
4	3			2			7	
		1		6		8		
			9		5			

되찾을 수 없는 게 세월이니 시시한 일에 시간을 낭비하지 말고
순간순간을 후회 없이 잘 살아야 한다. – 루소

39

			9		5			
		4		7		6		
	7						1	
	8			5			4	
		3	4		6	9		
	1			9			7	
	4			8			9	
		8	7		9	1		
1	2			6			8	5

뜻을 세운다는 것은 목표를 선택하고, 그 목표에 도달할 행동과정을 결정하고,
그 목표에 도달할 때까지 결정한 행동을 계속하는 것이다.
중요한 것은 행동이다. – 마이클 핸슨

40

	3	6		4		7	1	
2				1				5
1			2		7			8
		3				5		
		4		5		6		
	5		7	6	2		4	
	6						7	
	7		6	3	1		5	
5			4		8			6

마음을 위대한 일로 이끄는 것은 오직 열정,
위대한 열정뿐이다. - 드니 디드로

	4				7			9
	5			4	8		1	
	1							
4	3		1	9			5	8
	8				2		4	
	7				5			
1			5	6		3	2	
	6				1			4
7		9			4			

사랑한다는 것은 자기를 초월하는 것이다. - O. F. 와일드

월 _____ 일 _____

1			9					2
	3		4				8	
	4			2	7	1		3
	1					9		8
	7			6			2	
9		4					3	
7		1	2	3			5	
	2				1		4	
4					8			9

나는 똑똑한 것이 아니라
단지 문제를 더 오래 연구할 뿐이다. – 알베르트 아인슈타인

		8	9					
	1			3	6		7	
		3				4		5
	7		6	8	9			4
9		1			2		5	
	3					6		
		7				1		
	2		8		5		4	6
	8			9	7			

모든 일에는 다 이유가 있다고 생각합니다.
우리가 그것을 다 이해하지는 못할 때조차 말이지요. - 오프라 윈프리

					6	4	3	
				8				1
		4	2	5	1	7		
3		8	6	9		1		
6				2		8		
8						4		
	6				1			
8	5	3	1	4		7	9	
1					5			

희망은 볼 수 없는 것을 보고, 만져질 수 없는 것을 느끼고,
불가능한 것을 이룬다. – 헬렌 켈러

	7			8	9	5		
				3				6
			2		1			
	6	7				8		4
4		3		5		1		7
1		8				9	5	
			3		6			
3				4				
		2	7	1			8	

무언가를 열렬히 원한다면
그것을 얻기 위해 전부를 걸 만큼의 배짱을 가져라. – 브렌단 프랜시스

8			7		5			9
		6				4		
	5			1			3	
2			8		3			5
	4	3				7	9	
5			4		9			6
	6			2			8	
	2					9		
3			1		4			2

무지를 아는 것이 곧 앎의 시작이다. - 소크라테스

4							1	7
6				3				
		1	6		9	5		
		7	5		4	2		
	5			1			9	
		9	8		2	3		
		6	4		1	8		
				2				9
5	7							4

미래가 그대를 불안하게 하지 말라.
해야만 한다면 맞게 될 것이니, 오늘 현재로부터 그대를 지키는 이성이라는
동일한 무기가 함께할 것이다. - 마르쿠스 아우렐리우스 안토니우스

48

		2	3				5	8
			4	2				
3		5				4		
4			9				6	
	9			5			3	
	2				7			4
		1				6		5
			8	1				
5	8				9	3		

바쁜 벌은 슬퍼할 시간이 없다. – 윌리엄 블레이크

49

월   일

		3				1		
			7		4			
4			1	2	3			8
5		4				7		9
	6						5	
7		9				2		1
9			3		8			5
		5		9		6		
	3						7	

발견은 준비된 사람이 맞닥뜨린 우연이다. – 알버트 센트 디외르디

50

	7			4			6	
			6		9			
5	6			7			8	3
		4	3	5	2	7		
				1				
		7	4		8	5		
		5				6		
	4	2				8	5	
	1	6				9	4	

배움이 없는 자유는 언제나 위험하며
자유가 없는 배움은 언제나 헛된 일입니다. – 존 F. 케네디

월 _____ 일 _____

	1	6	8		7	2	3	
7			1		9			8
	9	8				7	5	
5								2
1		7	6		2	5		4
	2			3			7	
		1				9		
			4		5			
				8				

멈추지 않으면 얼마나 천천히 가는지는 문제가 되지 않느니라. - 공자

월 _____ 일 _____

		2				6		
	4						7	
9				8	6			1
		4		6				
1		5	3		4	7		9
				9		8		
2			1	5				6
	6						9	
		7				3		

변명 중에서도 가장 어리석고 못난 변명은
'시간이 없어서'라는 변명이다. - 에디슨

월   일

	1			3	4			2
	3				2	5		
6	7						4	8
				5			6	
9			3		1			5
	5			8				
	6						3	7
		8	7			1		
4				9			8	

사람들은 생각이 아니라 행동에 의해서 살아간다. - 아나톨 프랑스

54

3	9			2			4	5
5			3		1			9
				7				
	3						6	
2		1		5		7		3
	4						2	
				8				
1			2		4			8
4	5			3			1	6

올바른 순간에 잘못된 행동을 하는 것이
삶의 모순 중 하나라고 생각한다. - 찰리 채플린

4			5	2			3	1
	1				6			
		7		3		4		
1			4				9	
	2	3	7					8
8			1				7	
		9		7		8		
	6				8			
5				6	1			

감사하는 마음은 최고의 미덕일 뿐 아니라 모든 미덕의 어버이다. - 키케로

56

				9	2	1		
							3	
3	2				1	9		5
9	5				4	3		7
1			5	7				2
			9	6				
6	3	1						
		2			9	8		
		4		2	6	5		

사람이 인생에서 가장 후회하는 어리석은 행동은
기회가 있을 때 저지르지 않은 행동이다. – 헬렌 롤랜드

월 _____ 일 _____

					1			
	7	8			9			2
	4			2				1
2		6	4				7	
3		4				8		5
	5				3	4		6
5				3			6	
1			2		4	9		
			6					

사랑에 의한 상처는 더 많이 사랑함으로써 치유된다. – 헨리 데이비드 소로

58

	3	2			8			
		8	9		4	3		
		1					7	
	4				7			5
8				3				2
1			4				8	
	2					7		
		7	5		6	1		
			2			8	4	

사막이 아름다운 것은 어딘가에 샘이 숨겨져 있기 때문이다. – 생텍쥐페리

65

59

	1	2	8		4	7	9	
3				9				8
4								6
	8		9		6		7	
5								2
9			2	3	7			5
	2	7	5		1	3	4	

살기 위해서 먹어야지 먹기 위해서 살아서는 안 된다. - 소크라테스

1	9						7	2
			2		6			
		4		5		3		
		3				8		
				1				
6		7				1		3
		1		6		2		
			3		4			
	2	5				6	8	

행복은 성취의 기쁨과 창조적 노력이 주는
쾌감 속에 있다. - 프랭클린 D. 루스벨트

월   일

							5	9
3			2					
2		7				3	4	
4	3				2			6
5		8			1			2
9			3			5	7	
1			5	4				
6	2		8		7		1	5

내가 헛되이 보낸 오늘은 어제 죽어간 이들이 그토록 바라던 하루이다.
단 하루면 인간적인 모든 것을 멸망시킬 수도
다시 소생시킬 수도 있다. - 소포클레스

62

	7	9				3	5	
1				6				7
2			3		7			9
				1				
		6	5		4	9		
				9				
9			1		3			2
8				5				3
	1	5				4	6	

서로를 용서하는 것이야말로 가장 아름다운 사랑의 모습이다. - 존 셰필드

월 _____ 일

	9	5		2		4			
1			5				9		
8			1				4		
	1	7		3	9			
			8	4		7	2	
		4			5			6
		8			3			9
			2	8		3	7	

성공의 비결은 단 한 가지,
잘할 수 있는 일에 광적으로 집중하는 것이다. - 톰 모나건

		6		5		2		7
	9			3				4
5				2		3		9
8	7		5		6		2	
				8				
	1		7				6	5
4		5	3	7				8
1				6			7	
9		7		4	1	5		

세상 모든 일은 여러분이
무엇을 생각하느냐에 따라 일어납니다. - 오프라 윈프리

	5	7		2		8	9	
	1						4	
4			8	1	7			2
	3			8			1	
5								9
7			6		9			8
	8			3			7	
		5				9		
			4	6	1			

속이기 위해 말하는 것과 알 수 없는 사람이 되기 위해
침묵하는 것은 크게 다르다. - 볼테르

월   일

	5	6				1	4	
3			5		7			8
4			3		2			1
	1	3				9	6	
8			4		6			5
5			6		4			7
	7	4				3	2	
			7	3	9			

인생에서 가장 위대한 교훈은,
심지어는 바보도 어떨 때는 옳다는 걸 아는 것이다. - 윈스턴 처칠

월 _____ 일 _____

		1		2		4	9	5
	5			3				
	4				6	8		1
7							4	
		9		4		6		
	5							7
6		8	4				5	
				1		2		
5	9	2		8		1		

순간의 안전을 얻기 위해 근본적인 자유를 포기하는 자는
자유도 안전도 보장받을 자격이 없다. - 벤자민 프랭클린

68

2	8		6			1		9
				8	9			
	7			5				3
		8	3				1	
		6				9	2	
	1				4			5
				6	5			
3	4		7			2		6
	2							7

이 세상에서 가장 이해할 수 없는 말은
이 세상을 이해할 수 있다는 말이다. - 알베르트 아인슈타인

월   일

9				4		5		
		4						1
	1		8			3		6
		1			2	6		
3				5				7
		2	1			4		
2		6			7		5	
	3					8		
		8		1				4

시간은 모든 것을 삼켜버린다. - 오비디우스

월 _____ 일 _____

	6		8				1	
1		3		4		7		5
2				7			9	
	8		5					
		6			4		7	
				9		2		8
	3			1				6
9		1			5		3	
	7					5		

나는 영토는 잃을지 몰라도
결코 시간은 잃지 않을 것이다. - 나폴레옹 보나파르트

			8	7	3			
		1	6		2	7		
	7						4	
2		9		5			8	
1							3	
	7		1		6			
		6				5		
1			2		7			8
	5	2		6		4	7	

시간을 도구로 사용할 뿐, 시간에 의존해서는 안 된다. – 존 F. 케네디

72

	1	2						
3			1					
7			3			6	8	
	5	6	4		9			7
		4			5			3
	7					5	2	4
6							7	
		7	9			3		
		1	6		8			

실수하며 보낸 인생은 아무것도 하지 않고 보낸 인생보다
훨씬 존경스러울 뿐 아니라 훨씬 더 유용하다. – 조지 버나드 쇼

73

6			1	3	2			
	8	7				2	9	
1								6
	3		8	5	4		2	
	2					4		
4				6				5
5			3		9			2
	3					7		
	4						3	

앞날을 결정짓고자 하면 옛것을 공부하라. - 공자

		3		8		9		
			7		9			
2		4		1		5		7
	4		3		7		5	
5								3
	6		2		8		1	
9		7		3		4		2
			4		5			
		1		6		8		

사랑은 존재하거나 존재하지 않는다.
가벼운 사랑은 아예 사랑이 아니다. – 토니 모리슨

			3			4	5	
2		7	3			4	5	
4				2				1
7				5				2
6		9	7			1	4	
3				1				9
1				6				8
9		4	5			7	2	

어리석은 사람은 자기가 현명하다고 생각하지만
현명한 사람은 자기가 어리석다는 것을 안다. – 윌리엄 셰익스피어

	3						7	
6		2				5		8
	1		4		3		6	
		4		3		7		
	5		1		6		8	
		1		5		9		
	2		6		7		4	
5		3					6		7
	7						9	

사람은 무지의 대가를 치르지 않고서는 결코 행복할 수 없다. – 아나톨 프랑스

월 ____ 일 ____

		9						4
	1			9		7		
2			3				6	
		8			4			1
5			9	8		2		
	2		7	6			3	
		6			7			
4				2				8
	5		1				9	

여러분이 진짜 누군지에 대해 더욱 분명히 알아감에 따라
처음으로 무엇이 자신에게 최선인지
더 나은 판단을 할 수 있을 것입니다. - 오프라 윈프리

78

	6						5	
1		5				9		4
2		1				8		9
	3		2		4		7	
				3				
4			1		6			7
3			5		8			6
	9			7			2	

연은 순풍이 아니라 역풍에 가장 높이 난다. – 윈스턴 처칠

월 _____ 일 _____

7	8				2		5	9
			9	5	6			
	4			7			1	
		1				7		
	3						2	
		6			7			
		9				4		
4	2			3			7	6
		8			4			

오늘을 붙들어라.
되도록 내일에 의지하지 말라.
그날그날이 일, 년, 주에서 최선의 날이다. – 에머슨

			6					
	3	1		2	9			
	2	4		8		1		
	1	8			6	7		
2			3				4	
	3	4			2	8		
	8	2		9		3		
	2	3		1	4			
			7					

오래 살기를 바라기보다 잘 살기를 바라라. - 벤자민 프랭클린

81

						7	4	
		7	9		6			8
	4			8				9
7						2	8	
	4	3		8				5
8			5					7
	6						7	
9		5			6			
1			2	7				

웃음 없는 하루는 낭비한 하루다. - 찰리 채플린

5	8			2			9	3
	9	2				7	8	
		3	4		2	1		
			3		9			
1				8				9
	3						7	
		4				2		
2			5		3			1

용기와 인내가 가진 마법 같은 힘은
어려움과 장애물을 사라지게 한다는 것이다. - 존 애덤스

							9	
						2	6	
	9	8		7				
2			3		1	5		
1		4			8		7	
		6		5			2	
			2	4		3		
	1				9		4	
				1				2

우리가 진정으로 소유하는 것은 시간뿐이다.
가진 것이 달리 아무것도 없는 이에게도 시간은 있다. – 발타사르 그라시안

84

	8		9			4	7	
5					3			2
3				2				1
	9			1				
		7	3		6	2		
4				9			3	
				6				5
2			8					9
	3	1					4	

우정은 풍요를 더 빛나게 하고,
풍요를 나누고 공유해 역경을 줄인다. - 키케로

85

		8				1		
	7			2			5	
6			5		4			2
	5		4					8
2				3			9	
	9				1			3
4			8		2			7
	3			1			8	
		1				9		

이미 끝나버린 일을 후회하기보다는
하고 싶었던 일들을 하지 못한 것을 후회하라. – 탈무드

86

	5			8			2	
2					9			6
		1				8		
	3			7		9		
9			3		1			7
		5		2			8	
		2				4		
4				1				5
		1		5			3	

절대로 고개를 떨구지 말라.
고개를 치켜들고 세상을 똑바로 바라보라. – 헬렌 켈러

87

	5				1		3		
3	7	2			8			4
	4						6	
					9			7
1				8	3	6		
	6				7			3
9			2				3	
		4	3	9				1
7			8			5		

인생은 겸손에 대한 오랜 수업이다. – 제임스 M. 배리

88

			6			4		
	1		6					3
2		5		8			1	
	3		7			2		1
		4					8	
5					6			
4			5		3			2
		7		2		9		
			1		4			7

우리의 인생은 우리가 노력한 만큼 가치가 있다. - 프랑수아 모리악

	2			1	6		7	
3								1
		9	8	2				
			1					4
5		1	7		4	6		
					5			
				7	3	8		
1								3
	6		5	9			4	

자신을 화나게 했던 행동을 다른 이에게 행하지 말라. - 소크라테스

월 _____ 일 _____

1	7			8			5	6
2			9					1
		5				9		
	6						4	
8				5				7
					4		3	
		8				2		
5			7		3			9
6	3			9			1	

자신의 부족한 점을 더 많이 부끄러워할 줄 아는 이는
더 존경받을 가치가 있는 사람이다. - 조지 버나드 쇼

		7						
1	4			3		2		
			4				3	
	7	4			8		9	
				6			1	
			7			4		
6	8	2			7			
				5			4	8
4	9		1			3		

현명한 자라면 찾아낸 기회보다
더 많은 기회를 만들 것이다. – 프랜시스 베이컨

			1					
	8			2			9	
	1				9			7
		2		8			3	
7			5		6			9
	8			4		6		
5			3				1	
	9			6		7		
					7			

작은 변화가 일어날 때 진정한 삶을 살게 된다. – 레프 톨스토이

			4				8	
1		3				2		
	9			7	5			3
	1	9			6			
	2	5				4	6	
8			3			9	7	
			6	2			9	
		2				1		4
	3				8			

정말 위대하고 감동적인 모든 것은
자유롭게 일하는 이들이 창조한다. – 알베르트 아인슈타인

	4				5			
2	1			8		7	4	
		9	6					3
		7			1		6	
	2		5			4		
8					7			
	7	1		6				5
			9				8	
						1		

지금이야말로 일할 때다. 지금이야말로 싸울 때다.
지금이야말로 나를 더 훌륭한 사람으로 만들 때다.
오늘 그것을 못하면 내일 그것을 할 수 있는가. - 토마스 아켐피스

		6					2	7
1		3			8			
4			2		9			
		8				1		6
	5		4				8	
7							3	
						2		
	7	9				5		
2			6	3		4		

지혜로운 자는 사랑하고, 그렇지 않은 자들은 탐한다. - 아프라니우스

96

				8	7			
	3		2			6		
4		1					2	
	4							9
	1	3		5				4
6							5	
9				7	8	2		
	8			2			9	
		6	5			3		

진실은 보통 모함에 맞서는 최고의 해명이다. – 에이브러햄 링컨

103

			5			4	1	
			6			3		
	6				9	5		
4					5			
	3	1	2			9	6	
			3					4
		2					3	
		3			4			7
	1	7			2			

풍요 속에서는 친구들이 나를 알게 되고,
역경 속에서는 내가 친구를 알게 된다. - 존 철튼 콜린스

월   일

	1				3			7
		6		2			5	
8			7			2		
	5		1		6			
		3				1		
			9		7		2	
		7			8			9
	8			5		4		
9			4				6	

한 번의 실패와 영원한 실패를 혼동하지 마라. – F. 스콧 피츠제럴드

2	6						3	7
			9		8			
4	1		6			2		
						1		
	5		4	9				6
	2							5
		5				6		
				7	3			
7	3						8	4

자기 연민은 최악의 적이다.

만약 우리가 그것에 굴복하면,

이 세상에서 선한 일은 아무것도 할 수 없다. – 헬렌 켈러

100

				4				
4			2		8			6
	5			1			9	
	7			2			5	
		9	7		3	4		
	3			8			6	
	1			9			4	
3			4		6			8
				5				

여러분을 지배하는 것은 여러분이 두려워하는 것이 아닙니다.
바로 두려움 그 자체가 여러분을 지배하는 것입니다. - 오프라 윈프리

1

8	3	2	4	5	1	9	6	7
6	1	5	7	8	9	4	2	3
9	7	4	6	2	3	5	8	1
2	5	7	9	4	8	3	1	6
4	8	3	5	1	6	2	7	9
1	9	6	3	7	2	8	5	4
5	6	1	8	9	4	7	3	2
7	2	9	1	3	5	6	4	8
3	4	8	2	6	7	1	9	5

2

1	7	2	3	5	8	4	6	9
8	9	6	4	7	2	3	1	5
4	5	3	6	9	1	7	8	2
3	6	5	2	1	4	9	7	8
2	8	1	9	3	7	6	5	4
7	4	9	5	8	6	2	3	1
6	1	4	7	2	5	8	9	3
9	2	8	1	6	3	5	4	7
5	3	7	8	4	9	1	2	6

3

2	1	9	8	5	3	7	6	4
8	4	6	9	7	1	5	3	2
5	7	3	6	2	4	9	1	8
7	8	1	2	9	6	4	5	3
9	6	4	7	3	5	8	2	1
3	2	5	4	1	8	6	7	9
4	9	7	1	6	2	3	8	5
1	5	8	3	4	7	2	9	6
6	3	2	5	8	9	1	4	7

4

5	7	8	4	1	3	9	6	2
6	1	2	8	9	5	3	4	7
3	4	9	7	6	2	5	8	1
7	3	6	2	5	1	4	9	8
1	9	4	3	8	7	6	2	5
2	8	5	9	4	6	1	7	3
9	6	1	5	2	8	7	3	4
4	2	7	1	3	9	8	5	6
8	5	3	6	7	4	2	1	9

5

2	8	9	5	6	4	3	7	1
7	6	5	9	1	3	8	2	4
3	1	4	7	8	2	5	9	6
1	2	3	6	9	7	4	5	8
5	4	7	8	3	1	9	6	2
6	9	8	4	2	5	1	3	7
4	7	6	1	5	9	2	8	3
8	5	2	3	4	6	7	1	9
9	3	1	2	7	8	6	4	5

6

9	6	3	8	1	5	7	4	2
1	4	5	9	2	7	8	3	6
7	2	8	6	3	4	1	5	9
2	7	6	4	8	9	5	1	3
8	5	9	3	6	1	2	7	4
3	1	4	5	7	2	9	6	8
5	3	2	7	4	8	6	9	1
6	9	1	2	5	3	4	8	7
4	8	7	1	9	6	3	2	5

7

5	3	9	6	2	4	8	7	1
4	2	1	8	7	3	6	5	9
6	7	8	1	5	9	3	2	4
9	4	3	2	6	5	7	1	8
1	6	7	4	9	8	5	3	2
2	8	5	7	3	1	9	4	6
7	1	6	3	8	2	4	9	5
8	9	2	5	4	7	1	6	3
3	5	4	9	1	6	2	8	7

8

5	1	6	2	8	9	4	7	3
3	9	2	4	1	7	8	5	6
8	4	7	5	3	6	9	2	1
9	3	4	8	2	1	5	6	7
7	8	5	3	6	4	1	9	2
6	2	1	7	9	5	3	4	8
2	6	8	9	4	3	7	1	5
4	5	3	1	7	2	6	8	9
1	7	9	6	5	8	2	3	4

9

9	7	4	5	2	3	1	6	8
8	6	5	4	7	1	3	2	9
3	2	1	6	9	8	5	7	4
1	5	8	3	6	7	9	4	2
7	4	9	8	5	2	6	3	1
6	3	2	1	4	9	8	5	7
5	1	7	9	3	4	2	8	6
4	8	6	2	1	5	7	9	3
2	9	3	7	8	6	4	1	5

10

2	3	7	9	5	8	6	4	1
6	5	9	4	1	3	2	8	7
4	1	8	2	7	6	3	5	9
7	2	4	8	6	1	5	9	3
8	9	5	3	2	4	7	1	6
1	6	3	7	9	5	8	2	4
9	4	2	6	8	7	1	3	5
5	8	6	1	3	9	4	7	2
3	7	1	5	4	2	9	6	8

11

5	6	4	2	8	3	9	7	1
1	8	7	5	6	9	4	3	2
9	2	3	1	7	4	8	5	6
3	7	2	9	4	6	1	8	5
8	9	1	3	5	2	6	4	7
6	4	5	7	1	8	3	2	9
4	1	9	8	2	7	5	6	3
2	3	6	4	9	5	7	1	8
7	5	8	6	3	1	2	9	4

12

2	3	9	6	1	5	7	8	4
4	8	1	2	7	9	6	3	5
6	5	7	3	8	4	9	1	2
9	4	3	5	2	6	8	7	1
5	2	8	1	3	7	4	9	6
7	1	6	9	4	8	2	5	3
3	9	5	8	6	2	1	4	7
8	6	4	7	5	1	3	2	9
1	7	2	4	9	3	5	6	8

13

4	5	2	1	8	7	9	3	6
1	3	6	9	5	2	8	4	7
7	9	8	4	6	3	1	5	2
6	8	4	5	3	9	2	7	1
5	7	9	2	1	4	3	6	8
2	1	3	8	7	6	4	9	5
9	4	5	7	2	8	6	1	3
8	6	1	3	4	5	7	2	9
3	2	7	6	9	1	5	8	4

14

6	4	5	3	8	7	2	9	1
8	3	7	2	9	1	6	4	5
1	2	9	4	5	6	8	3	7
5	8	2	9	6	4	1	7	3
9	7	1	8	3	5	4	2	6
3	6	4	7	1	2	5	8	9
2	9	6	5	4	3	7	1	8
4	5	3	1	7	8	9	6	2
7	1	8	6	2	9	3	5	4

15

7	6	2	5	4	1	8	9	3
4	8	9	2	6	3	5	1	7
3	5	1	8	9	7	2	6	4
1	2	4	7	5	6	3	8	9
8	3	5	9	1	4	6	7	2
9	7	6	3	8	2	1	4	5
5	9	7	1	3	8	4	2	6
2	4	8	6	7	5	9	3	1
6	1	3	4	2	9	7	5	8

16

3	7	1	5	4	9	2	6	8
8	5	9	1	2	6	3	7	4
2	6	4	3	7	8	5	9	1
1	8	6	9	5	4	7	2	3
9	3	5	7	8	2	4	1	6
7	4	2	6	1	3	9	8	5
6	1	7	4	9	5	8	3	2
4	9	8	2	3	1	6	5	7
5	2	3	8	6	7	1	4	9

17

9	7	2	6	5	3	4	8	1
5	6	4	8	9	1	7	3	2
8	3	1	2	7	4	9	5	6
3	1	6	9	2	8	5	7	4
7	9	8	5	4	6	1	2	3
2	4	5	1	3	7	8	6	9
4	8	3	7	6	9	2	1	5
6	2	7	4	1	5	3	9	8
1	5	9	3	8	2	6	4	7

18

9	8	7	6	5	1	4	3	2
2	5	1	4	9	3	8	7	6
4	6	3	7	2	8	1	9	5
1	7	2	9	4	5	3	6	8
3	9	5	8	7	6	2	4	1
8	4	6	1	3	2	7	5	9
5	2	9	3	8	7	6	1	4
7	1	4	2	6	9	5	8	3
6	3	8	5	1	4	9	2	7

19

8	2	6	9	1	7	3	5	4
1	9	3	4	6	5	7	8	2
7	5	4	3	2	8	1	6	9
9	8	1	2	7	3	6	4	5
2	4	7	6	5	9	8	3	1
6	3	5	1	8	4	2	9	7
4	1	9	7	3	6	5	2	8
5	6	2	8	9	1	4	7	3
3	7	8	5	4	2	9	1	6

20

8	7	2	4	6	5	9	3	1
1	3	6	2	9	8	7	4	5
5	4	9	7	3	1	2	8	6
4	9	8	3	1	7	5	6	2
2	6	7	8	5	9	3	1	4
3	5	1	6	4	2	8	7	9
7	1	5	9	8	6	4	2	3
9	8	4	1	2	3	6	5	7
6	2	3	5	7	4	1	9	8

21

4	2	7	1	5	9	3	8	6
9	5	3	8	4	6	2	1	7
6	8	1	3	2	7	9	4	5
3	4	2	7	6	1	5	9	8
5	7	9	4	8	2	1	6	3
8	1	6	5	9	3	7	2	4
7	6	4	2	1	5	8	3	9
1	3	8	9	7	4	6	5	2
2	9	5	6	3	8	4	7	1

22

9	1	3	4	5	8	7	2	6
8	7	2	6	1	9	5	4	3
4	6	5	3	2	7	8	1	9
5	8	7	2	6	1	3	9	4
6	3	1	7	9	4	2	8	5
2	4	9	8	3	5	6	7	1
7	5	6	9	4	2	1	3	8
3	2	4	1	8	6	9	5	7
1	9	8	5	7	3	4	6	2

23

7	8	3	4	1	9	6	2	5
5	9	6	7	8	2	3	4	1
2	4	1	6	5	3	9	7	8
1	6	4	8	2	7	5	3	9
3	7	5	9	6	1	2	8	4
9	2	8	3	4	5	1	6	7
4	3	7	5	9	6	8	1	2
8	5	2	1	3	4	7	9	6
6	1	9	2	7	8	4	5	3

24

1	3	7	5	8	4	2	9	6
2	5	4	7	6	9	1	8	3
6	9	8	2	1	3	4	7	5
8	6	1	4	3	2	9	5	7
3	7	2	6	9	5	8	1	4
9	4	5	8	7	1	6	3	2
5	8	3	1	4	6	7	2	9
7	2	6	9	5	8	3	4	1
4	1	9	3	2	7	5	6	8

25

5	1	6	3	9	4	2	7	8
2	9	3	8	1	7	5	4	6
8	4	7	6	5	2	3	9	1
1	6	5	2	7	3	4	8	9
4	7	9	5	8	1	6	2	3
3	2	8	9	4	6	1	5	7
9	3	1	4	2	8	7	6	5
6	8	4	7	3	5	9	1	2
7	5	2	1	6	9	8	3	4

26

8	7	6	1	5	4	2	9	3
5	3	1	2	9	6	8	7	4
4	2	9	8	7	3	1	5	6
3	4	2	9	8	7	5	6	1
9	8	5	6	2	1	3	4	7
1	6	7	4	3	5	9	2	8
6	5	3	7	1	2	4	8	9
2	9	4	3	6	8	7	1	5
7	1	8	5	4	9	6	3	2

27

8	6	5	4	1	7	2	9	3
7	1	2	3	6	9	8	5	4
4	3	9	5	8	2	1	6	7
5	7	1	8	9	4	3	2	6
6	4	8	1	2	3	5	7	9
2	9	3	7	5	6	4	8	1
9	8	4	2	7	1	6	3	5
1	2	6	9	3	5	7	4	8
3	5	7	6	4	8	9	1	2

28

7	3	5	9	6	8	1	4	2
4	9	1	5	2	7	3	8	6
8	6	2	1	4	3	5	9	7
1	2	9	6	8	5	7	3	4
3	4	7	2	9	1	8	6	5
5	8	6	3	7	4	2	1	9
2	7	3	4	1	9	6	5	8
9	1	8	7	5	6	4	2	3
6	5	4	8	3	2	9	7	1

29

8	6	7	1	3	5	2	4	9
3	9	1	6	4	2	5	8	7
4	2	5	7	8	9	1	6	3
2	8	9	5	1	6	3	7	4
5	1	4	3	7	8	6	9	2
6	7	3	9	2	4	8	5	1
1	4	2	8	6	7	9	3	5
7	5	8	2	9	3	4	1	6
9	3	6	4	5	1	7	2	8

30

6	5	2	4	7	1	3	8	9
3	7	8	2	5	9	1	6	4
4	1	9	6	8	3	7	2	5
2	4	5	8	3	7	9	1	6
7	9	1	5	2	6	8	4	3
8	3	6	1	9	4	5	7	2
1	2	3	9	6	8	4	5	7
5	8	7	3	4	2	6	9	1
9	6	4	7	1	5	2	3	8

31

3	8	6	2	7	9	4	5	1
4	7	1	6	5	8	3	9	2
2	5	9	3	4	1	8	7	6
9	3	4	8	2	5	1	6	7
5	6	7	9	1	3	2	4	8
8	1	2	7	6	4	9	3	5
7	4	8	1	9	6	5	2	3
6	9	3	5	8	2	7	1	4
1	2	5	4	3	7	6	8	9

32

2	7	3	9	6	5	1	4	8
9	1	4	2	8	7	3	6	5
6	5	8	4	3	1	2	9	7
3	4	2	8	1	9	7	5	6
8	6	7	5	2	3	9	1	4
1	9	5	7	4	6	8	3	2
7	2	9	3	5	4	6	8	1
4	3	1	6	7	8	5	2	9
5	8	6	1	9	2	4	7	3

33

7	1	5	6	2	4	9	8	3
6	4	8	9	7	3	5	2	1
2	9	3	5	8	1	7	6	4
8	5	9	7	1	2	3	4	6
3	6	7	4	5	8	1	9	2
1	2	4	3	9	6	8	5	7
4	7	6	8	3	9	2	1	5
9	3	2	1	6	5	4	7	8
5	8	1	2	4	7	6	3	9

34

3	8	5	4	9	2	1	7	6
6	7	2	8	5	1	9	4	3
1	9	4	3	7	6	2	8	5
7	2	8	1	6	5	3	9	4
5	4	3	9	8	7	6	2	1
9	1	6	2	4	3	8	5	7
4	3	1	5	2	9	7	6	8
2	5	7	6	3	8	4	1	9
8	6	9	7	1	4	5	3	2

35

7	6	8	9	3	2	5	4	1
2	3	5	4	8	1	6	7	9
9	4	1	7	5	6	2	8	3
5	2	6	8	1	7	9	3	4
1	8	3	5	9	4	7	6	2
4	7	9	2	6	3	1	5	8
8	5	2	6	4	9	3	1	7
6	1	7	3	2	8	4	9	5
3	9	4	1	7	5	8	2	6

36

5	6	7	4	8	9	3	1	2
1	2	3	5	7	6	9	4	8
9	8	4	3	2	1	7	5	6
6	4	2	1	3	7	8	9	5
7	5	1	6	9	8	2	3	4
3	9	8	2	4	5	6	7	1
8	1	6	7	5	3	4	2	9
4	3	5	9	6	2	1	8	7
2	7	9	8	1	4	5	6	3

37

4	9	6	7	8	3	5	2	1
8	5	2	6	9	1	3	7	4
3	7	1	4	5	2	8	6	9
2	6	8	1	4	7	9	5	3
5	1	7	9	3	8	6	4	2
9	4	3	5	2	6	7	1	8
1	8	4	3	6	5	2	9	7
6	2	9	8	7	4	1	3	5
7	3	5	2	1	9	4	8	6

38

1	7	4	6	9	2	5	8	3
9	6	3	5	7	8	2	4	1
2	5	8	4	1	3	9	6	7
3	4	2	7	8	9	1	5	6
7	9	5	1	3	6	4	2	8
8	1	6	2	5	4	7	3	9
4	3	9	8	2	1	6	7	5
5	2	1	3	6	7	8	9	4
6	8	7	9	4	5	3	1	2

39

2	6	1	9	4	5	8	3	7
3	9	4	1	7	8	6	5	2
8	7	5	6	3	2	4	1	9
9	8	6	2	5	7	3	4	1
7	5	3	4	1	6	9	2	8
4	1	2	8	9	3	5	7	6
6	4	7	5	8	1	2	9	3
5	3	8	7	2	9	1	6	4
1	2	9	3	6	4	7	8	5

40

9	3	6	8	4	5	7	1	2
2	8	7	3	1	6	4	9	5
1	4	5	2	9	7	3	6	8
6	9	3	1	8	4	5	2	7
7	2	4	9	5	3	6	8	1
8	5	1	7	6	2	9	4	3
3	6	8	5	2	9	1	7	4
4	7	2	6	3	1	8	5	9
5	1	9	4	7	8	2	3	6

41

3	4	6	2	1	7	5	8	9
2	7	5	9	4	8	6	1	3
8	9	1	6	5	3	4	7	2
4	3	2	1	9	6	7	5	8
6	5	8	3	7	2	9	4	1
9	1	7	4	8	5	2	3	6
1	8	4	5	6	9	3	2	7
5	6	3	7	2	1	8	9	4
7	2	9	8	3	4	1	6	5

42

1	8	7	9	5	3	4	6	2
2	3	9	4	1	6	7	8	5
5	4	6	8	2	7	1	9	3
6	1	2	3	4	5	9	7	8
3	7	8	1	6	9	5	2	4
9	5	4	7	8	2	6	3	1
7	9	1	2	3	4	8	5	6
8	2	5	6	9	1	3	4	7
4	6	3	5	7	8	2	1	9

43

6	5	8	9	7	4	2	3	1
4	1	2	5	3	6	9	7	8
7	9	3	1	2	8	4	6	5
2	7	5	6	8	9	3	1	4
9	6	1	3	4	2	8	5	7
8	3	4	7	5	1	6	9	2
5	4	7	2	6	3	1	8	9
3	2	9	8	1	5	7	4	6
1	8	6	4	9	7	5	2	3

44

1	2	8	9	7	6	4	3	5
6	7	5	4	8	3	2	9	1
3	9	4	2	5	1	7	6	8
4	3	7	8	6	9	5	1	2
5	6	9	1	4	2	3	8	7
2	8	1	7	3	5	9	4	6
7	4	6	5	9	8	1	2	3
8	5	2	3	1	4	6	7	9
9	1	3	6	2	7	8	5	4

45

2	7	6	4	8	9	5	3	1
8	1	4	5	3	7	2	9	6
9	3	5	2	6	1	7	4	8
5	6	7	1	9	3	8	2	4
4	9	3	8	5	2	1	6	7
1	2	8	6	7	4	9	5	3
7	8	9	3	2	6	4	1	5
3	5	1	9	4	8	6	7	2
6	4	2	7	1	5	3	8	9

46

8	3	1	7	4	5	2	6	9
7	2	6	9	3	8	4	5	1
9	5	4	6	1	2	8	3	7
2	9	7	8	6	3	1	4	5
6	4	3	2	5	1	7	9	8
5	1	8	4	7	9	3	2	6
1	6	9	3	2	7	5	8	4
4	7	2	5	8	6	9	1	3
3	8	5	1	9	4	6	7	2

47

4	9	3	2	5	8	6	1	7
6	2	5	1	3	7	9	4	8
7	8	1	6	4	9	5	2	3
3	6	7	5	9	4	2	8	1
2	5	8	7	1	3	4	9	6
1	4	9	8	6	2	3	7	5
9	3	6	4	7	1	8	5	2
8	1	4	3	2	5	7	6	9
5	7	2	9	8	6	1	3	4

48

7	4	2	3	6	1	9	5	8
8	6	9	5	4	2	1	7	3
3	1	5	7	9	8	4	2	6
4	5	7	9	2	3	8	6	1
1	9	8	4	5	6	2	3	7
6	2	3	1	8	7	5	9	4
9	7	1	2	3	4	6	8	5
2	3	6	8	1	5	7	4	9
5	8	4	6	7	9	3	1	2

49

2	5	3	6	8	9	1	4	7
8	9	1	7	5	4	3	2	6
4	7	6	1	2	3	5	9	8
5	1	4	8	3	2	7	6	9
3	6	2	9	7	1	8	5	4
7	8	9	5	4	6	2	3	1
9	2	7	3	6	8	4	1	5
1	4	5	2	9	7	6	8	3
6	3	8	4	1	5	9	7	2

50

8	7	1	5	4	3	2	6	9
4	2	3	6	8	9	1	7	5
5	6	9	2	7	1	4	8	3
6	9	4	3	5	2	7	1	8
2	5	8	7	1	6	3	9	4
1	3	7	4	9	8	5	2	6
9	8	5	1	2	4	6	3	7
3	4	2	9	6	7	8	5	1
7	1	6	8	3	5	9	4	2

51

4	1	6	8	5	7	2	3	9
7	5	3	1	2	9	4	6	8
2	9	8	3	4	6	7	5	1
5	6	4	7	1	8	3	9	2
1	3	7	6	9	2	5	8	4
8	2	9	5	3	4	1	7	6
6	8	1	2	7	3	9	4	5
9	7	2	4	6	5	8	1	3
3	4	5	9	8	1	6	2	7

52

5	1	2	9	7	3	6	4	8
6	4	8	2	1	5	9	7	3
9	7	3	4	8	6	2	5	1
3	9	4	7	6	8	1	2	5
1	8	5	3	2	4	7	6	9
7	2	6	5	9	1	8	3	4
2	3	9	1	5	7	4	8	6
4	6	1	8	3	2	5	9	7
8	5	7	6	4	9	3	1	2

53

5	1	9	8	3	4	6	7	2
8	4	3	6	7	2	5	1	9
6	7	2	5	1	9	3	4	8
3	2	4	9	5	7	8	6	1
9	8	6	3	4	1	7	2	5
7	5	1	2	8	6	4	9	3
1	6	5	4	2	8	9	3	7
2	9	8	7	6	3	1	5	4
4	3	7	1	9	5	2	8	6

54

3	9	7	8	2	6	1	4	5
5	8	2	3	4	1	6	7	9
6	1	4	5	7	9	3	8	2
8	3	9	7	1	2	5	6	4
2	6	1	4	5	8	7	9	3
7	4	5	6	9	3	8	2	1
9	2	6	1	8	5	4	3	7
1	7	3	2	6	4	9	5	8
4	5	8	9	3	7	2	1	6

55

4	8	6	5	2	7	9	3	1
3	1	2	9	4	6	5	8	7
9	5	7	8	3	1	4	6	2
1	7	5	4	8	2	6	9	3
6	2	3	7	5	9	1	4	8
8	9	4	1	6	3	2	7	5
2	4	9	3	7	5	8	1	6
7	6	1	2	9	8	3	5	4
5	3	8	6	1	4	7	2	9

56

7	6	5	3	9	2	1	4	8
4	1	9	8	5	7	2	3	6
3	2	8	6	4	1	9	7	5
9	5	6	2	1	4	3	8	7
1	4	3	5	7	8	6	9	2
2	8	7	9	6	3	4	5	1
6	3	1	4	8	5	7	2	9
5	7	2	1	3	9	8	6	4
8	9	4	7	2	6	5	1	3

57

9	3	2	5	7	1	6	4	8
6	1	7	8	4	9	5	3	2
8	4	5	3	2	6	7	9	1
2	8	6	4	1	5	3	7	9
3	9	4	7	6	2	8	1	5
7	5	1	9	8	3	4	2	6
5	7	9	1	3	8	2	6	4
1	6	3	2	5	4	9	8	7
4	2	8	6	9	7	1	5	3

58

6	3	2	7	1	8	5	9	4
7	5	8	9	2	4	3	6	1
4	9	1	3	6	5	2	7	8
2	4	9	1	8	7	6	3	5
8	7	5	6	3	9	4	1	2
1	6	3	4	5	2	9	8	7
3	2	4	8	9	1	7	5	6
9	8	7	5	4	6	1	2	3
5	1	6	2	7	3	8	4	9

59

7	9	8	6	1	3	2	5	4
6	1	2	8	5	4	7	9	3
3	5	4	7	9	2	1	6	8
4	7	1	3	2	5	9	8	6
2	8	3	9	4	6	5	7	1
5	6	9	1	7	8	4	3	2
9	4	6	2	3	7	8	1	5
8	2	7	5	6	1	3	4	9
1	3	5	4	8	9	6	2	7

60

1	9	6	4	3	8	5	7	2
5	3	8	2	7	6	4	9	1
2	7	4	1	5	9	3	6	8
9	1	3	5	4	7	8	2	6
4	8	2	6	1	3	9	5	7
6	5	7	9	8	2	1	4	3
7	4	1	8	6	5	2	3	9
8	6	9	3	2	4	7	1	5
3	2	5	7	9	1	6	8	4

61

8	1	6	4	7	3	2	5	9
3	4	5	2	9	8	1	6	7
2	9	7	6	1	5	3	4	8
4	3	1	7	5	2	8	9	6
5	7	8	9	6	1	4	3	2
9	6	2	3	8	4	5	7	1
1	8	9	5	4	6	7	2	3
7	5	3	1	2	9	6	8	4
6	2	4	8	3	7	9	1	5

62

6	7	9	8	2	1	3	5	4
1	4	3	9	6	5	2	8	7
2	5	8	3	4	7	6	1	9
4	9	2	6	1	8	7	3	5
7	8	6	5	3	4	9	2	1
5	3	1	7	9	2	8	4	6
9	6	4	1	8	3	5	7	2
8	2	7	4	5	6	1	9	3
3	1	5	2	7	9	4	6	8

63

7	9	5	3	2	4	1	6	8
1	4	2	5	6	8	9	3	7
8	3	6	1	9	7	4	5	2
2	1	7	6	3	9	8	4	5
4	8	3	7	5	2	6	9	1
5	6	9	8	4	1	7	2	3
3	7	4	9	1	5	2	8	6
6	2	8	4	7	3	5	1	9
9	5	1	2	8	6	3	7	4

64

3	8	6	4	5	9	2	1	7
7	9	2	1	3	8	6	5	4
5	4	1	6	2	7	3	8	9
8	7	4	5	1	6	9	2	3
6	5	9	2	8	3	7	4	1
2	1	3	7	9	4	8	6	5
4	6	5	3	7	2	1	9	8
1	3	8	9	6	5	4	7	2
9	2	7	8	4	1	5	3	6

65

6	5	7	3	2	4	8	9	1
8	1	2	5	9	6	3	4	7
4	9	3	8	1	7	6	5	2
9	3	4	7	8	2	5	1	6
5	6	8	1	4	3	7	2	9
7	2	1	6	5	9	4	3	8
2	8	6	9	3	5	1	7	4
1	4	5	2	7	8	9	6	3
3	7	9	4	6	1	2	8	5

66

9	4	8	2	6	1	5	7	3
7	5	6	9	8	3	1	4	2
3	2	1	5	4	7	6	9	8
4	6	5	3	9	2	7	8	1
2	1	3	8	7	5	9	6	4
8	9	7	4	1	6	2	3	5
5	3	9	6	2	4	8	1	7
6	7	4	1	5	8	3	2	9
1	8	2	7	3	9	4	5	6

67

3	6	1	8	2	7	4	9	5
9	8	5	1	3	4	7	6	2
2	4	7	9	5	6	8	3	1
7	3	6	2	9	1	5	4	8
8	2	9	7	4	5	6	1	3
1	5	4	3	6	8	9	2	7
6	1	8	4	7	2	3	5	9
4	7	3	5	1	9	2	8	6
5	9	2	6	8	3	1	7	4

68

2	8	4	6	3	7	1	5	9
5	6	3	1	8	9	4	7	2
1	7	9	4	5	2	8	6	3
9	5	8	3	2	6	7	1	4
4	3	6	5	7	1	9	2	8
7	1	2	8	9	4	6	3	5
8	9	7	2	6	5	3	4	1
3	4	5	7	1	8	2	9	6
6	2	1	9	4	3	5	8	7

69

9	2	3	6	4	1	5	7	8
6	8	4	7	3	5	2	1	9
7	1	5	8	2	9	3	4	6
4	5	1	9	7	2	6	8	3
3	6	9	4	5	8	1	2	7
8	7	2	1	6	3	4	9	5
2	4	6	3	8	7	9	5	1
1	3	7	5	9	4	8	6	2
5	9	8	2	1	6	7	3	4

70

4	6	7	8	5	9	3	1	2
1	9	3	6	4	2	7	8	5
2	5	8	1	7	3	6	9	4
7	8	9	5	2	1	4	6	3
5	2	6	3	8	4	1	7	9
3	1	4	7	9	6	2	5	8
8	3	5	4	1	7	9	2	6
9	4	1	2	6	5	8	3	7
6	7	2	9	3	8	5	4	1

71

4	6	5	8	7	3	2	1	9
9	8	1	6	4	2	7	5	3
2	7	3	5	9	1	8	4	6
6	2	4	9	3	5	1	8	7
5	1	8	7	2	6	9	3	4
3	9	7	4	1	8	6	2	5
7	3	6	1	8	4	5	9	2
1	4	9	2	5	7	3	6	8
8	5	2	3	6	9	4	7	1

72

4	1	2	5	8	6	7	3	9
3	6	8	1	9	7	2	4	5
7	9	5	3	4	2	6	8	1
2	5	6	4	3	9	8	1	7
1	8	4	7	2	5	9	6	3
9	7	3	8	6	1	5	2	4
6	4	9	2	5	3	1	7	8
8	2	7	9	1	4	3	5	6
5	3	1	6	7	8	4	9	2

73

6	9	5	1	3	2	8	7	4
3	8	7	5	4	6	2	9	1
1	2	4	7	9	8	3	5	6
9	3	6	8	5	4	1	2	7
8	5	2	9	1	7	4	6	3
4	7	1	2	6	3	9	8	5
5	1	8	3	7	9	6	4	2
2	6	3	4	8	5	7	1	9
7	4	9	6	2	1	5	3	8

74

7	1	3	5	8	4	9	2	6
6	8	5	7	2	9	3	4	1
2	9	4	6	1	3	5	8	7
1	4	2	3	9	7	6	5	8
5	7	8	1	4	6	2	9	3
3	6	9	2	5	8	7	1	4
9	5	7	8	3	1	4	6	2
8	2	6	4	7	5	1	3	9
4	3	1	9	6	2	8	7	5

75

8	9	6	1	4	5	2	3	7
2	1	7	3	9	8	4	5	6
4	3	5	6	2	7	9	8	1
7	4	1	8	5	9	3	6	2
6	8	9	7	3	2	1	4	5
3	5	2	4	1	6	8	7	9
1	7	3	2	6	4	5	9	8
9	6	4	5	8	1	7	2	3
5	2	8	9	7	3	6	1	4

76

8	3	9	5	6	2	1	7	4
6	4	2	9	7	1	5	3	8
7	1	5	4	8	3	2	6	9
2	6	4	8	3	9	7	5	1
9	5	7	1	2	6	4	8	3
3	8	1	7	5	4	9	2	6
1	2	8	6	9	7	3	4	5
5	9	3	2	4	8	6	1	7
4	7	6	3	1	5	8	9	2

77

7	8	9	6	1	2	3	5	4
6	1	3	4	9	5	7	8	2
2	4	5	3	7	8	1	6	9
3	6	8	2	5	4	9	7	1
5	7	1	9	8	3	2	4	6
9	2	4	7	6	1	8	3	5
1	9	6	8	4	7	5	2	3
4	3	7	5	2	9	6	1	8
8	5	2	1	3	6	4	9	7

78

9	8	4	6	5	2	7	1	3
7	6	3	9	4	1	2	5	8
1	2	5	3	8	7	9	6	4
2	4	1	7	6	5	8	3	9
8	3	9	2	1	4	6	7	5
5	7	6	8	3	9	1	4	2
4	5	2	1	9	6	3	8	7
3	1	7	5	2	8	4	9	6
6	9	8	4	7	3	5	2	1

79

7	8	6	4	2	1	3	5	9
3	1	2	9	5	6	8	4	7
9	4	5	3	7	8	6	1	2
8	5	1	2	9	3	7	6	4
6	3	7	1	4	5	9	2	8
2	9	4	6	8	7	5	3	1
5	6	9	7	1	2	4	8	3
4	2	8	5	3	9	1	7	6
1	7	3	8	6	4	2	9	5

80

8	9	1	7	6	3	5	4	2
4	7	3	1	5	2	9	6	8
5	2	6	4	9	8	3	1	7
9	1	8	5	2	4	6	7	3
2	5	7	8	3	6	1	9	4
6	3	4	9	1	7	2	8	5
1	8	5	2	4	9	7	3	6
7	6	2	3	8	1	4	5	9
3	4	9	6	7	5	8	2	1

81

8	1	9	2	3	5	7	4	6
3	5	7	9	4	6	1	2	8
6	4	2	7	8	1	3	5	9
5	7	1	4	6	9	2	8	3
2	6	4	3	7	8	9	1	5
9	8	3	1	5	2	4	6	7
4	2	6	8	9	3	5	7	1
7	9	8	5	1	4	6	3	2
1	3	5	6	2	7	8	9	4

82

5	8	1	7	2	6	4	9	3
7	4	6	9	3	8	5	1	2
3	9	2	1	5	4	7	8	6
9	6	3	4	7	2	1	5	8
4	5	8	3	1	9	6	2	7
1	2	7	6	8	5	3	4	9
8	3	5	2	6	1	9	7	4
6	1	4	8	9	7	2	3	5
2	7	9	5	4	3	8	6	1

83

7	2	3	8	6	5	4	9	1
5	4	1	9	3	2	6	8	7
6	9	8	1	7	4	2	3	5
2	8	7	3	9	1	5	6	4
1	5	4	6	2	8	9	7	3
9	3	6	4	5	7	1	2	8
8	7	5	2	4	6	3	1	9
3	1	2	5	8	9	7	4	6
4	6	9	7	1	3	8	5	2

84

6	8	2	9	5	1	4	7	3
5	1	9	7	4	3	6	8	2
3	7	4	6	2	8	9	5	1
8	9	3	4	1	2	5	6	7
1	5	7	3	8	6	2	9	4
4	2	6	5	9	7	1	3	8
7	4	8	1	6	9	3	2	5
2	6	5	8	3	4	7	1	9
9	3	1	2	7	5	8	4	6

85

5	2	8	9	7	3	1	6	4
3	7	4	1	2	6	8	5	9
6	1	9	5	8	4	7	3	2
1	5	3	4	6	9	2	7	8
2	4	6	7	3	8	5	9	1
8	9	7	2	5	1	6	4	3
4	6	5	8	9	2	3	1	7
9	3	2	6	1	7	4	8	5
7	8	1	3	4	5	9	2	6

86

6	5	9	4	8	3	7	2	1
2	8	4	7	1	9	3	5	6
3	7	1	5	6	2	8	9	4
1	3	6	8	7	5	9	4	2
9	2	8	3	4	1	5	6	7
7	4	5	9	2	6	1	8	3
5	9	2	6	3	7	4	1	8
4	6	3	1	9	8	2	7	5
8	1	7	2	5	4	6	3	9

87

6	5	9	7	1	4	3	8	2
3	7	2	9	6	8	1	5	4
8	4	1	5	3	2	7	6	9
4	3	5	6	2	9	8	1	7
1	9	7	4	8	3	6	2	5
2	6	8	1	5	7	9	4	3
9	1	6	2	7	5	4	3	8
5	8	4	3	9	6	2	7	1
7	2	3	8	4	1	5	9	6

88

6	7	3	2	1	5	4	9	8
8	1	9	6	4	7	5	2	3
2	4	5	3	8	9	7	1	6
9	3	6	7	5	8	2	4	1
7	2	4	9	3	1	6	8	5
5	8	1	4	6	2	3	7	9
4	9	8	5	7	3	1	6	2
1	5	7	8	2	6	9	3	4
3	6	2	1	9	4	8	5	7

89

4	2	5	3	1	6	9	7	8
3	8	7	4	5	9	2	6	1
6	1	9	8	2	7	4	3	5
7	9	8	1	6	2	3	5	4
5	3	1	7	8	4	6	2	9
2	4	6	9	3	5	1	8	7
9	5	4	2	7	3	8	1	6
1	7	2	6	4	8	5	9	3
8	6	3	5	9	1	7	4	2

90

1	7	9	4	8	2	3	5	6
2	4	6	9	3	5	7	8	1
3	8	5	6	1	7	9	2	4
7	6	3	1	2	9	5	4	8
8	2	4	3	5	6	1	9	7
9	5	1	8	7	4	6	3	2
4	9	8	5	6	1	2	7	3
5	1	2	7	4	3	8	6	9
6	3	7	2	9	8	4	1	5

91

9	3	7	8	2	5	1	6	4
1	4	8	6	3	9	2	7	5
2	5	6	4	7	1	8	3	9
3	7	4	2	1	8	5	9	6
8	2	9	5	6	4	7	1	3
5	6	1	7	9	3	4	8	2
6	8	2	3	4	7	9	5	1
7	1	3	9	5	2	6	4	8
4	9	5	1	8	6	3	2	7

92

2	5	9	1	7	4	3	6	8
4	7	8	6	2	3	1	9	5
6	1	3	8	5	9	2	4	7
9	6	2	7	8	1	5	3	4
7	4	1	5	3	6	8	2	9
3	8	5	9	4	2	6	7	1
5	2	7	3	9	8	4	1	6
1	9	4	2	6	5	7	8	3
8	3	6	4	1	7	9	5	2

93

2	6	7	4	3	1	5	8	9
1	5	3	8	6	9	2	4	7
4	9	8	2	7	5	6	1	3
7	1	9	5	4	6	8	3	2
3	2	5	9	8	7	4	6	1
8	4	6	3	1	2	9	7	5
5	7	1	6	2	4	3	9	8
6	8	2	7	9	3	1	5	4
9	3	4	1	5	8	7	2	6

94

3	4	6	1	7	5	8	2	9
2	1	5	3	8	9	7	4	6
7	8	9	6	2	4	5	1	3
5	9	7	8	4	1	3	6	2
1	2	3	5	9	6	4	7	8
8	6	4	2	3	7	9	5	1
9	7	1	4	6	8	2	3	5
4	5	2	9	1	3	6	8	7
6	3	8	7	5	2	1	9	4

95

5	9	6	3	1	4	8	2	7
1	2	3	5	7	8	6	4	9
4	8	7	2	6	9	3	1	5
9	4	8	7	2	3	1	5	6
3	5	1	4	9	6	7	8	2
7	6	2	8	5	1	9	3	4
6	3	4	9	8	5	2	7	1
8	7	9	1	4	2	5	6	3
2	1	5	6	3	7	4	9	8

96

5	6	2	1	8	7	9	4	3
8	3	9	2	4	5	6	7	1
4	7	1	9	3	6	5	2	8
7	5	4	8	6	2	1	3	9
2	1	3	7	5	9	8	6	4
6	9	8	4	1	3	7	5	2
9	4	5	3	7	8	2	1	6
3	8	7	6	2	1	4	9	5
1	2	6	5	9	4	3	8	7

97

2	7	9	5	8	3	4	1	6
1	5	4	6	2	7	3	9	8
3	6	8	4	1	9	5	7	2
4	2	6	9	7	5	1	8	3
7	3	1	2	4	8	9	6	5
8	9	5	3	6	1	7	2	4
9	4	2	7	5	6	8	3	1
6	8	3	1	9	4	2	5	7
5	1	7	8	3	2	6	4	9

98

5	1	2	6	9	3	8	4	7
3	7	6	8	2	4	9	5	1
8	9	4	7	1	5	2	3	6
2	5	9	1	4	6	7	8	3
7	6	3	5	8	2	1	9	4
1	4	8	9	3	7	6	2	5
4	3	7	2	6	8	5	1	9
6	8	1	3	5	9	4	7	2
9	2	5	4	7	1	3	6	8

99

2	6	9	5	1	4	8	3	7
5	7	3	9	2	8	4	6	1
4	1	8	6	3	7	2	5	9
3	4	6	7	5	2	1	9	8
8	5	7	4	9	1	3	2	6
9	2	1	3	8	6	7	4	5
1	8	5	2	4	9	6	7	3
6	9	4	8	7	3	5	1	2
7	3	2	1	6	5	9	8	4

100

7	6	3	9	4	5	1	8	2
4	9	1	2	3	8	5	7	6
2	5	8	6	1	7	3	9	4
6	7	4	1	2	9	8	5	3
5	8	9	7	6	3	4	2	1
1	3	2	5	8	4	7	6	9
8	1	7	3	9	2	6	4	5
3	2	5	4	7	6	9	1	8
9	4	6	8	5	1	2	3	7

큰글씨판 슈퍼 스도쿠 100문제 초급
풀기 편한

1판 1쇄 펴낸 날 2022년 5월 25일
1판 3쇄 펴낸 날 2025년 6월 10일

지은이 오정환

펴낸이 박윤태
펴낸곳 보누스
등록 2001년 8월 17일 제313-2002-179호
주소 서울시 마포구 동교로12안길 31 보누스 4층
전화 02-333-3114
팩스 02-3143-3254
이메일 bonus@bonusbook.co.kr

ISBN 978-89-6494-509-4 03410

• 책값은 뒤표지에 있습니다.

풀면 풀수록 똑똑해지는 논리게임

슈퍼 스도쿠 시리즈

슈퍼 스도쿠 스페셜

퍼즐러 미디어 리미티드 지음
272면

슈퍼 스도쿠 500문제
: 초급 중급

오정환 지음 | 312면

슈퍼 스도쿠 마스터

퍼즐러 미디어 리미티드 지음
280면

슈퍼 스도쿠 500문제
: 중급

오정환 지음 | 312면

슈퍼 스도쿠 프리미어

마인드 게임 지음 | 268면

슈퍼 스도쿠 트레이닝
500문제 : 초급 중급

이민석 지음 | 360면

슈퍼 스도쿠 인피니티

마인드 게임 지음 | 268면

슈퍼 스도쿠 초고난도
200문제

크리스티나 스미스, 릭 스미스 지음
336면